麦昆谈 McQueen

THE WORLD
ACCORDING TO

Lee McQueen

[英] 亚历山大·麦昆（Alexander McQueen） 口述

[英] 路易斯·里特（Louise Rytter） 编

邓悦现 译

重庆大学出版社

目　录

序 万花筒般的想象力

　　李·亚历山大·麦昆对时尚界的贡献是革命性的，他留下的遗产历久弥新，至今无与伦比。他将时尚化作美妙的诗篇，令观众着迷。他打破感官的界限，为我们带来了令人惊艳的时装发布会，并将手工艺、文化传统、技术创新和非凡的想象力融入其中。众所周知，麦昆的每个系列都有超过 300 份设计参考资料。光明与黑暗、生存与死亡之间的永恒斗争，让他的想象力如同万花筒般绚丽多姿。他以独创性的想法将 20 世纪的时尚推向了新的境界，他的合作伙伴包括摄影、电影、音乐、珠宝、女帽、化妆和鞋类设计等领域最前沿、最杰出的创意人士，在他们的帮助下，这些想法最终变成现实。麦昆的作品是自传式的，他为此付诸一切——正如他自己所说："我的生活就像埃德加·爱伦·坡的故事：为了所爱的人而活，却为了所爱的工作而牺牲自己。"

麦昆出生于1969年，同年，尼尔·阿姆斯特朗迈出了人类登月的第一步。他是出租车司机和教师的儿子，在伦敦东区长大，小时候就喜欢在卧室墙上画裙子。为了追求成为时尚设计师的梦想，他在16岁那年离开了学校，前往萨维尔街接受裁缝学徒培训。在安德森和谢泼德（Anderson&Sheppard）以及吉夫斯和霍克斯（Gieves&Hawkes）工作了4年后，麦昆继续为戏剧服装商伯曼和内森（Berman&Nathan）、日本设计师立野浩二以及意大利设计师罗密欧·吉利工作。凭借非凡的天赋，他获得了在伦敦中央圣马丁艺术与设计学院学习的机会，1992年他完成了时装硕士课程的学习，毕业后建立了自己的同名品牌。

在1996至2001年，麦昆担任了纪梵希的创意总监，他在这家位于巴黎的著名时装公司实现了自己最为叛逆的愿景。2001年，麦昆加入古驰集团（现在的开云集团），这为他提供了绝佳的机会，得以扩张自己的同名品牌：引入男装和香水，并在世界各地开设旗舰店。至此，麦昆已变得家喻户晓，并在 2003 年被女王授予大英帝国司令勋章，以表彰他对时尚的贡献。同年，他也被美国时装设计师协会授予年度国际设计师，并在职业生涯中 4 次被英国时尚理事会评为"年度英国设计师"称号。

作为一个讲故事的人，麦昆可谓是特立独行、观点独特。从"卡洛登的寡妇"（The Widows of Culloden，2006 年秋冬）中化身为空灵的全息投影的凯特·莫斯，到"沃斯"（Voss，2001 年春夏）中被关在一间充满飞蛾的疯人院的米歇尔·奥莉——他的时装发布会现在已成为时尚界的传奇。但要说麦昆最具标志性的秀场时刻，或许是那场"第 13 号"（No.13，1999 年春夏）系列时装发布会的结尾，模特莎洛姆·哈洛在现场被喷涂的场景——由两条机械手臂对模特身上的裙子进行喷绘，呈现出戏剧性的奇观，灵感来自人与机器之间的互动。他最后一场时装发布会"柏拉图的亚特兰蒂斯"（Plato's Atlantis，2010 年春夏）也借机器人引发了对话——它们和他的模特一起行走在 T 台之上，并拍摄台下的观众。这场时装发布会通过互联网向全世界数百万人实时直播。作为世界上最早进行直播的发布会之一，它向人们展现了一个先知般强大的未来愿景。麦昆再一次让他的观众大受震撼。

2010 年，麦昆不幸去世，整个时尚界的知名人士纷纷向他致敬。美国版 Vogue 主编安娜·温图尔这样评价这位设计师："他将一种独特的英国式大胆和具有美感的无所畏惧带上了全球时尚舞台。在如此短暂的职业生涯中，亚历山大·麦昆的影响力是惊人的——从街头风格到音乐文化，再到全世界的博物馆。他的去世是一种不可弥补的损失。"制帽商、麦昆的亲密合作伙伴菲利普·特雷西称麦昆拥有"超音速"的才华。麦昆的好友、模特娜奥米·坎贝尔补充说，"他的才华没有界限，对于所有与他共事并了解他的人来说，他就是灵感的源泉"。麦昆去世所造成的影响，也超出了时尚行业的范围。在大都会艺术博物馆（2011 年）和维多利亚与阿尔伯特博物馆（2015 年）举办的回顾展"亚历山大·麦昆：野性之美"中，他的作品获得了巨大的赞誉，而这两场大型展览也吸引了超过一百万人参观。

但李·亚历山大·麦昆究竟是谁？伦敦和他的苏格兰

血脉如何影响了他的设计？他如何看待女性，他又是如何定义美和风格的？是什么让他对裁剪和高级定制深深着迷？他又为什么对名人文化和时尚产业感到失望？是什么为他带来灵感？哪些艺术家影响了他的作品？他为什么如此热爱大自然和振翅高飞的鸟类？在他那些极具想象力的时装发布会现场，以及诸如"高地强暴"（Highland Rape，1995 年秋冬）这种充满争议的时装系列背后，隐含着怎样的深意？哪场发布会在情感上对他产生了重大的影响？这本书收录了超过 200 句来自麦昆最为真诚、发人深省且诙谐幽默的言论，让人得以窥见这位天才的机智与智慧。这些话语选自他长达 20 年职业生涯中接受过的采访，也记载了他从一个工薪阶层的孩子成长为国际巨星的非凡演变。

麦昆心直口快、观点激进，因此常常被外界误解。媒体形容他为"神经质""厌女主义者""东区恶棍"和"坏男孩"。实际上，他是一个敏感、浪漫和智慧的人，他用自己精妙的艺术和想象力改变了时装，改变了人们的态度，挑战了时尚的更多可能性。他将时尚视为赋予女性力量的武器，也是改变我们对美的固有看法的催化剂。凭借着勇气和激情，麦昆将伦敦的城市活力、经典剪裁和高级定制，与他自己的 DNA、创新意识和精湛技艺相结合，创造出一个属于"现代女性"的全新视野。毫无疑问，麦昆的离世给世界时尚舞台留下了巨大的空白，但他无与伦比的遗产将继续吸引和激励一代又一代的人。

路易斯·里特

1

Lee McQueen

on

Lee McQueen

1 李·麦昆谈李·麦昆

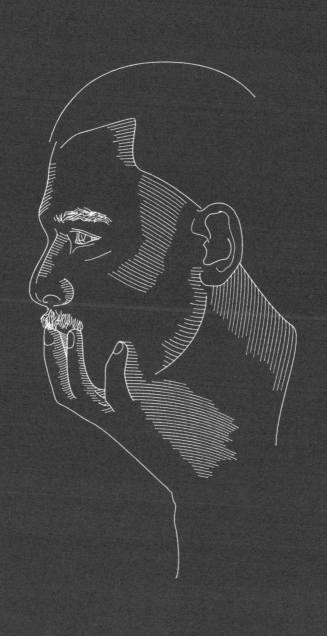

I always knew I would be *SOMETHING IN FASHION.* I didn't know how big, but I always knew I'd be *SOMETHING.*

我一直都知道我会在时尚界有所成就。
虽然不知道是多大的成就，但我一直知道我会出人头地。

我 3 岁开始画画。我画了一辈子。我一直想成为一名设计师。我从 12 岁开始阅读有关时尚的书籍。我走上了设计师的职业道路。

我知道乔治·阿玛尼曾是一个橱窗设计师，伊曼纽尔·温加罗曾是一个裁缝。

✝

如果你揭开我家里的壁纸，会看到下面画着身穿紧身胸衣和泡泡裙的灰姑娘。这是我 3 岁时设计的。

✝

我与工作结了婚。

你在作品中可以看见创作者本身。我的心就是我的作品。

✝

对我来说，一切都是私人的。我没法做任何不私人的事情。一切都必须是私人的，否则我看不出做这件事的意义。

✝

你必须区分我的表达方式和我真正想表达的意思。我的公司从来没有破产过，我雇用了 50 个人，还有巨大的营业额。一个蠢货是做不到这一点的，那需要一个聪明人。

I seem to suffer from split personalities. I'm usually thinking or doing more than three jobs at the same time. It's the nature of the beast.

我似乎患有人格分裂症。我通常会同时思考或执行 3 件以上的工作。这是野兽的本性。

I'm a
working-class kid.

I stick to my
working-class

R O O T S

and that's what
gets me the press.

我是工人阶级的孩子。我忠于我的工人阶级出身，
这就是我获得媒体关注的原因。

我的时装系列一直都是自传式的，这与我的性取向和自我接纳有很大关系——就像在时装系列中为自己驱魔。它们与我的童年有关，与我对生活的思考有关，与我在成长过程中形成的对生活的思考方式有关。

✝

我是一个有使命感的设计师。我喜欢挑战历史。

✝

人们看到的我是什么样的，我就是什么样的。不管我做了其他什么事，我从不试图成为其他人。

在开始尝试之前，你要确定自己（在时尚方面）有天赋。否则就别麻烦了，因为这条路太痛苦了，不值得。

†

如果金钱影响了我的创造力，我可以随时放弃它。因为，记住，我是白手起家，而且可以随时再来一次。

†

我从不被名人文化所左右，因为无论何时我回到家，爸爸总会让我给他泡杯茶。

†

我不会被那些名人光环所吸引，我认为那没什么大不了的。

I ALWAYS HAD THE MENTALITY THAT I ONLY HAD ONE LIFE, AND I WAS GOING TO DO WHAT I WANTED TO DO.

我一直持有这样的心态：
人生只有一次，我要做我想做的事。

I know I'm

P
R
O
V
O
C
A
T
I
V
E.

You don't have to like it,

but you do have to
acknowledge it.

我知道我很有攻击性。
你不必喜欢这一点，但你不得不承认这一点。

　　我很久以前就接受了自己不融于主流这件事。我从未真正融入过。我也不想去融入。

✝

　　世界上一些最杰出的艺术家并没有优雅的谈吐，也不融于主流。但现在一幅凡·高的画作可以卖到 3000 万到 4000 万英镑。重要的是内在的东西。

✝

　　如果我没有从事时尚行业，我会做一名战地摄影记者。

我希望人们犯错，因为非凡的事物会持续进化。你必须打破规则。

†

只要真心想做，我能够做成任何事情。

†

如果人们无法接受那么一点诚实，那是他们自己的问题。

I LIKE TO

BREAK

DOWN

BARRIERS

我喜欢打破壁垒。

I'm a romantic
schizophrenic.

我是一个浪漫的精神分裂症患者。

浪漫就是我的心之所在。

†

我不像街上的普通人那样思考。有时我的思考方式相当古怪。

†

我是一个坚定的无政府主义者。我不相信宗教，也不相信想要统治别人的人。

†

人们觉得我的设计很有攻击性，但我不认为它们具有攻击性。我认为它们是浪漫的，展现出人性的黑暗面。

我不是一个具有攻击性的人，但我确实想要改变人们的态度。如果这意味着我让人们感到震惊，那是他们的问题。

†

我一直对阴森恐怖的事物很感兴趣。

†

我在生与死、快乐与悲伤、善与恶之间摇摆。

You've just got
to have a bit of an

OPEN

MIND

not be so judgmental,
educate yourself in

THE WORLD OF ALEXANDER MCQUEEN.

你必须要有开放的心态，不要轻易评判他人，
在亚历山大·麦昆的世界里学习吧。

2

Lee McQueen

on

Tailoring

2　李·麦昆谈剪裁

I try   to push

the silhouette.

To change   the silhouette

我尝试改变廓形。
改变廓形就是改变我们看待自己的方式。

is to change

the thinking

of how   we look.

我所做的一切都是基于剪裁。

†

我想成为某种廓形或剪裁方式的发明者，这样就算我死了，人们也会记得 21 世纪是由亚历山大·麦昆开创的。

†

我喜欢把自己想象成一个拿着刀的整形外科医生。

†

我所从事的事业关乎将人体或人性推向极致。

我并不是站在精英主义者的角度说话，但今天的艺术所基于的一切都是虚的，毫无技巧可言。我真诚地相信，你应该先去了解技巧，然后才能打破它。

✝

维多利亚时代的服装结构非常紧密、沉重和僵硬。我完全支持回归结构——但要更加现代化、更加轻便。

✝

我关注结构和塑形。

I'm intent on chopping things up.

Not chopping them up to destroy them, chopping them up to distort them.

我致力于剪碎一切。剪碎它们，不是为了破坏它们。
剪碎它们，是为了改变它们。

Fashion is like
architecture — it's creative
but technical, too.

时尚就像建筑——充满创意，也需要技术。

A TAILORED JACKET
NARROWS INTO
THE WAIST.

THE

SHAPING
FOR MY SUITS
IS FITTED ON THE
CURVATURE OF THE SPINE.

一件定制的夹克，在腰部收窄。
我设计出西装的廓形，正贴合人体脊椎的曲线。

我喜欢现代中带点传统的事物。

✝

我不是那种端坐着指点江山的设计师。我没法那样工作。归根结底，我出身于工坊。我来自萨维尔街。

✝

我的大部分设计工作是在试身过程中完成的。我会不断调整剪裁方式。

我不想模仿任何廓形。我不想参考任何东西，无论是一张图片还是一幅速写。我希望一切都是新的。

†

作为一名设计师，你所做的永远都是根据不同的身体比例或是身型进行剪裁。这就是设计师的工作，超越当下的时尚，也超越未来可能出现的时尚。

I design from the side, that way I get the worst angle of the body. You've got

all the lumps and bumps, the S-bend of the back, the bum. That way I get

a cut and proportion and silhouette that works all the way round the body.

我通常从身体侧面开始设计，这样我面对的就是身体最糟糕的角度。你可以看到所有的凹凸不平，背部的 S 形曲线以及隆起的部分。通过这种方法完成的服装，其剪裁、比例和廓形，无论是全身的哪个角度都很贴合。

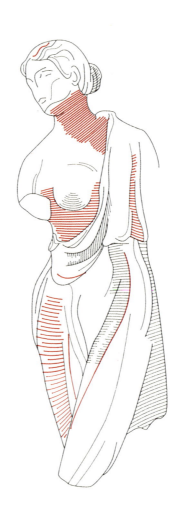

With bustles and nipped-in waists, I was also interested in the idea that there are no constraints on the silhouette. I wanted to exaggerate a woman's form, almost along the lines of a classical statue.

通过使用臀垫和紧身收腰设计，可以打破时装廓形的限制，我对这种设计理念同样有兴趣。我想用夸张手法展现女性的身材，打造出几乎接近于古典雕塑的线条。

There's nothing more *erotic* than a woman in a two-piece suit.

没什么比一个身穿两件套西装的女人更具有情色意味了。

通过剪裁，我试图让人们开始关注我们对完美的不懈追求。在不同时装系列中，我所关注的身体部位会根据不同的灵感来源、设计参考，以及廓形设计的需要而变化。

†

对于"包屁者"[1]来说，通过剪裁改变女性的外观，这是一门艺术，躯干会看起来更长。但我把这一点推向了极致。因为上半身占比很大而下半身很短，女孩们看起来相当具有威胁性。这就是这件单品的理念，和"建筑工人的翘臀"[2]无关。

1　包屁者：bumster，亚历山大·麦昆在 1995 年的秋冬系列中首次推出的超低腰裤，模特几乎露出了臀部，引起了很大的轰动。——译者注

2　建筑工人的翘臀：英国俚语 builder's bum，用来形容因长期劳动或锻炼而形成的结实臀部。——译者注

身体的那个部位——与其说是臀部，不如说是脊椎底部——那是所有人身体最性感的部分，无论男女。

✝

裁剪只是一种构造形式，它体现出的是隐藏在设计背后的严谨。但是归根结底，你所做的还是制作单排扣或双排扣夹克。是叙事让一切变得有趣，再加上一些时装背后的浪漫色彩和细节……这就是让麦昆脱颖而出的地方：细节。

I design clothes to flatter real people, not models. REAL PEOPLE have lumps and bumps, they have

('LOVE HANDLES')

AND I LIKE THAT.

My mates are electricians, plumbers, real workmen. I don't like all that fluff, all that camping it up.

我设计衣服是为了取悦真实的人，而不是模特。
真实的人身材都是凹凸不平的，他们会长"游泳圈"，我喜欢这一点。
我的同伴是电工、水管工，真正的工人。
我不喜欢所有的虚饰，所有的夸张做作。

3

Lee McQueen

on

Fashion

3　李·麦昆谈时尚

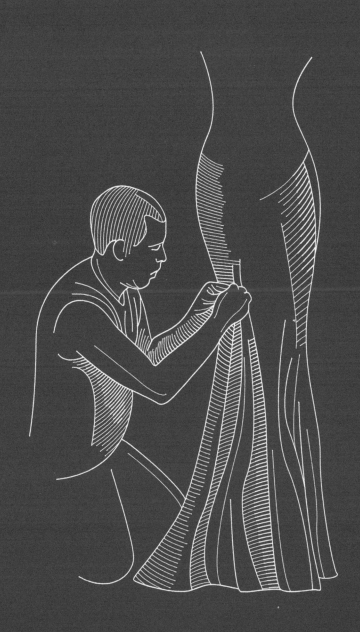

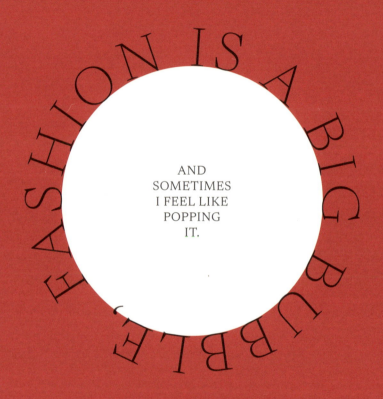

FASHION IS A BIG BUBBLE

AND
SOMETIMES
I FEEL LIKE
POPPING
IT.

时尚是一个巨大的肥皂泡，有时候我想戳破它。

如果我是上帝，我会让时尚停滞 5 年。它需要时间沉
淀。

†

就像所有其他娱乐产业一样，时尚业——变幻莫测。

†

艺术表达是通过我来实现的。时尚只是媒介。

†

我从不遵从任何时尚理想。我的理念始终是反映现实
的。

我不希望看到所有人都穿着我的设计——我会疯掉的。

✝

你买不到风格。个人风格相当难得。因为它几乎是与生俱来的。

✝

我不认为你能成长为一个优秀的设计师，或者一个伟大的设计师。对我来说，这都是天生的。我认为能否理解颜色、比例、形状、剪裁、平衡，是基因的一部分。

AS A DESIGNER,
YOU'VE ALWAYS
GOT TO PUSH YOURSELF
FORWARD
YOU'VE ALWAYS
GOT TO KEEP UP WITH
THE TRENDS

OR

MAKE

YOUR

OWN

TRENDS.

THAT'S WHAT I DO.

作为一名设计师，你必须推动自己不断向前。
你必须跟上潮流，或是创造属于自己的潮流。我就是这么做的。

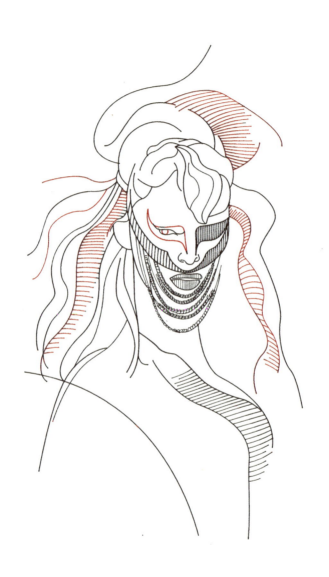

I especially like the
accessory for its
sadomasochistic aspect.

我特别喜欢这款配饰中那股施虐受虐狂的意味。

I believe the
sole purpose of
fashion is to

CREATE

and not

ACCUMULATE

我相信时尚的唯一目的是创造，而不是拼凑。

我正在注解我们所生活的这个时代。我的作品是一份关于当今世界的社会文献。

✝

我喜欢看到攻击性，我指的不仅仅是表现出攻击性，也是指我的设计所受到的攻击。

✝

我喜欢让人们去追寻未来，而不是墨守成规。如果迷你裙已经存在，那么设计迷你裙还有什么意义？

时尚可以非常"种族主义"，比如把其他文化的服装视作戏服……这很常见，但也很过时。

✝

我试图为时尚带来的是一种原创性。

✝

我的设计会让你感受到一种难以忍受的强烈情感。当某件事让你内心深处产生这种感觉时，它会让你反思自己的生活。这就是时尚的意义所在——是时候尝试和突破界限了。

It's what fashion is about
— time to *experiment* and

push

boundaries.

时尚应该是一种逃离，而不是一种禁锢。

Fashion should be
a form of escapism,
and not a form of

IMPRISONMENT

I wasn't born to
give you a

TWIN SET AND PEARLS

我的使命不是给你穿上套头衫和开襟毛衣两件套再搭配上珍珠项链。

我无法想象安娜·温图尔身穿一条"包屁者"的样子。

†

诚实对我来说很重要，但这在时尚界并不太受欢迎，因为人们只想听人夸赞他们有多好，他们的杂志有多棒。

†

将时装带进 21 世纪是一项持续的挑战。

My clothes are seductive, they're very subversive, very dark. They leave a hidden mystery behind the person who's wearing them.

我的衣服极具诱惑力，危险而暗黑。
它在穿着者的身后留下一个隐藏的谜团。

无论感觉多么艰难，你都应该跟随自己的内心。重要的是，不要因为成为下一个时装大师这个目标带来的压力而感到窒息。

✝

我知道作为一名年轻的设计师苦苦挣扎是什么感觉。如果你有一种明确的美学观念，而这种观念并不能立即商业化，其他人也不理解你，那可能会让你感到气馁。

✝

如果说我影响了时尚，那就是我惹恼了所有人。

I think I can say that
I have made my stamp on

LONDON
FASHION AND
INTERNATIONAL
FASHION

so I've done my job.

我想我可以说，我已经在伦敦时尚界乃至世界时尚界留下了
属于自己的印记，因此我已经完成了自己的使命。

I want the
clothes to be

H   S

E   M

I   O

R   O

L

like they
used to be.

我希望时装可以成为传家宝，就像以前那样。

归根结底，我做这些是为了转变观念，而不仅仅是改变身体。我试图像科学家一样改变时尚，为它注入那些与当下息息相关，并且在未来也会历久弥新的内容。

✝

我对"为后代设计"感兴趣。购买麦昆的人会把衣服传给他们的孩子，而这在现在是罕见的。

4

Lee McQueen

on

Couture

4　李·麦昆谈时装

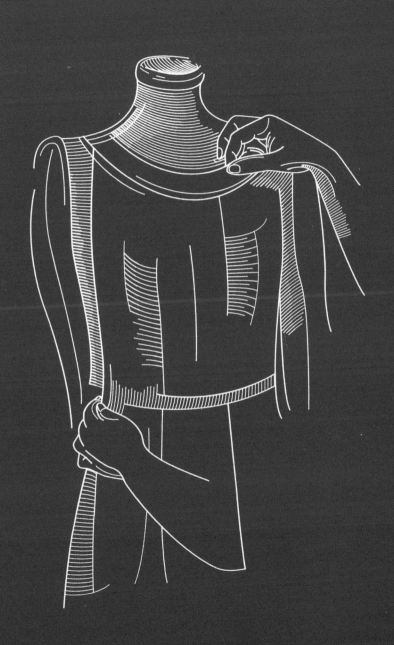

Anything I do
is based on

craftsmanship.

我做的一切都基于手工艺。

巴黎高级定制时装始于英国人查尔斯·沃斯[1]，也将由亚历山大·麦昆重启。

1　查尔斯·沃斯：英文全名是 Charles Frederick Worth，他是一位英国出生的时尚设计师。沃斯于 19 世纪中叶在巴黎开始了他的事业，开设了自己的时装屋，并开创了高级定制时装的先河。——译者注

✝

高级定制超越了一切。它是将你时尚生活中的梦想变成现实的地方。

✝

结构和精致对高级定制意味着一切。我不想到处都是刺绣或摆弄一大堆薄纱。

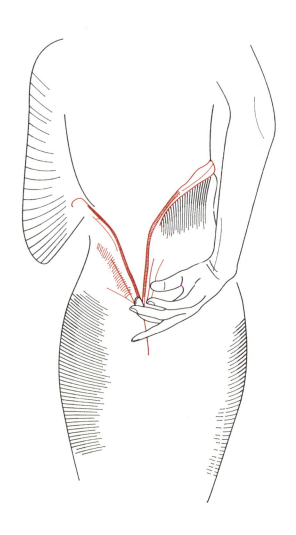

The clothes are not for
the 'modern woman',
but for the private woman
seeking to explore her own
mythical fantasies.

这些时装不是为"现代女性"而设计,
而是为了满足那些更注重寻求和探索自己神秘幻想的女性。

我认为高级定制是为那些能负担得起这种手艺的少数人准备的。我认为它应该是相当隐秘和私人的。

✝

高级定制不是为大马路上的普通人准备的。我的意思是，为你从没见过的那些人，你也从未被邀请参加他们的晚宴。我只为他们工作。

✝

人们必须理解我的背景。在进入中央圣马丁之前，我已经在这个行业工作了 7 年。我不是那种直接闯入高级定制世界的学生。我在萨维尔街为顾客制作西装，而他们的妻子正是购买高级定制的女性。我已经了解了那个世界。

HAUTE COUTURE IS AS CLOSE TO ART

AS FASHION GETS.

高级定制是时尚界中最接近艺术的形式。

Givenchy is
based on a

CLASSIC,
CLEAN LINE

without the
trend of the
now or *never*.

纪梵希的根基是经典、干净的线条，
而不追随一时兴起的流行趋势。

高级定制关乎传统，而来自萨维尔街的我，信奉传统。

†

我不是纪梵希，我是亚历山大·麦昆。

†

麦昆谈论的是我们这个时代，而纪梵希谈论的是魅力——同时做到这两点真难。

对于身处如此地位的时装屋来说，时尚应该以某种方式发展，但恐怕并不是麦昆的"包屁者"那种。

†

当我设计我的第一个纪梵希高级定制系列时，我并没有真正理解这个品牌未来的发展方向。随后我意识到之所以我会在这里，是因为我是谁以及我要做什么。但这让一切变得更加困难，因为工坊可以将我的每一个梦想变为现实，这就让你很难停下来。

Givenchy is about the client.

纪梵希是关于客户的。麦昆是关于我自己的。

McQUEEN IS ALL ABOUT ME.

The atelier and I, we have
a universal language, even
though I can't speak French.
As soon as I start working
with them, they know
instantly when I start
moving my hand.

即使我不会说法语，我和工坊之间都有一种通用语言。
从我和他们合作开始，我一动手他们就能立刻明白我的意思。

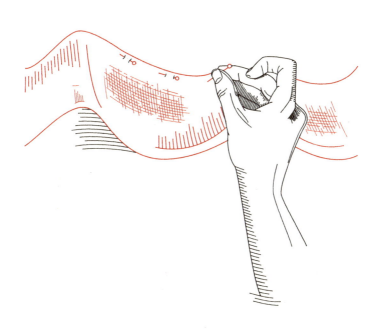

我觉得工坊里的人们真的很喜欢我。他们并没有把我当成是一个来自伦敦、只会对裙摆指手画脚的傻小子。

†

在工坊的工作经历对我的职业生涯至关重要……因为我曾是个裁缝，并不完全理解柔软或轻盈的奥义。我在纪梵希那里学会了轻盈。我学会了柔软。对我来说，这是一种教育。在纪梵希的工作帮助我精进了我的手艺。

I think that
couture
has complete
relevance today.

Designer fashion
shouldn't be

T H R O W A W A Y

我认为高级定制在今天仍具有现实意义。
时尚设计不应该被丢弃。

5

Lee McQueen

on

Fashion Shows

5 李·麦昆谈时装发布会

THE SHOW IS MEANT

TO PROVOKE

AN EMOTIONAL RESPONSE

IT'S MY 30 MINUTES TO DO

WHATEVER I WANT.

时装发布会的目的是激起人们的情感反应。
这 30 分钟属于我，我想做什么就做什么。

我需要灵感。我需要一些东西来激发我的想象力，而时装发布会就是鼓舞我前进的东西，让我对自己正在做的事情感到兴奋。

†

我不想办鸡尾酒会，我宁愿人们看完我的发布会后呕吐。我更喜欢极端的反应。

归根结底，我在一场发布会上花费了3万英镑，却只能在30分钟里吸引600人的注意力。说实话，我认为如果一场发布会没有传达出任何信息，那么举办这场发布会就没有意义。如果人们离开你的发布会时没有任何情绪，那么我认为你的工作没有做好。

†

如果观众在离开发布会时没有任何情绪，那我会觉得一切毫无意义。我们都是人，我们都明白是什么让我们兴奋，是什么让我们扫兴。但你知道，当人们深夜独自一人在卧室里时，他们会害怕看到自己展现出来的一面。

torytelling is what we loved as kids, and this is what a show is about.

我们小时候都喜欢讲故事,
这正是一场发布会要做的事。

It motivates me to see an
illusion in my head and then
see the actual thing live.
It's a progression in my mind
and the evolution of what
I believe is fashion.

在脑海中浮现出一个幻象，然后看到它化作现实，
这个过程激励着我。这不仅是我在思维上的进化，
也意味着我对时尚信仰的演变。

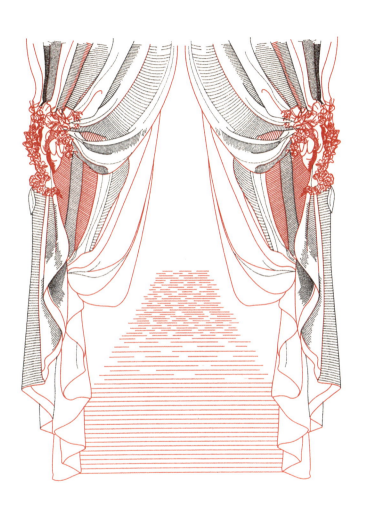

麦昆谈McQueen

The shows are about what's

这些时装发布会关乎人们埋藏在内心深处的东西。

buried in
people's
psyches.

我利用人们想要隐藏在脑海中的东西。关于战争、宗教、性，那些我们都在思考，但不会摆到台面上来的东西。但我把这些都呈现出来，强迫他们去看。他们会说这很恶心，而我会回答道："亲爱的，其实你已经在想这些事情了，所以不要对我撒谎。"

✝

让观众感到困惑是件好事。

我过去这样做是为了让人们感到震惊，激起他们的反应，但现在我做这些只是为了自己。这些时装发布会反映的都是我在生活中的情感。

†

那是我最好的一场时装发布会，和莎洛姆在一起的那一刻（"No. 13"系列，1999春夏）！那是艺术、手工艺与科技的结合——人与机器之间达成了怪异的和谐。

The shows are my own living

nightmares.

这些发布会是属于我自己的梦魇。

Usually, the shows come
from a biographical place;
how I'm feeling at the time.
The audience is my therapist.
It's like an exorcism.

通常，这些发布会有一个自传性质的起点，
即我当时的感受。观众就是我的心理治疗师。
这个过程就像是一种驱魔。

We broke the mould by not using the fashion-show-production people.

我们打破了陈规，没有使用时装发布会的专业制作团队。

必须始终与观众保持某种互动，把你脑海中的信息传达出去。

✝

我从来不是一个善于交际的人，但我是个善于操纵舆论的人——所有那些惊世骇俗的时装发布会，帮助我获得了第一批支持者。

✝

我与我所钦佩和尊敬的人一起工作。并不是因为他们是谁。跟他们是不是名人无关，否则那将是对工作、对所有参与时装发布会的工作人员的不尊重。

在我的时装发布会上，你会真切地感受到——那种能量、喧嚣和兴奋——就像看摇滚演出。我喜欢让人们感到震撼。想想就觉得兴奋。

✝

这标志着时尚界一个新时代的诞生。对我来说，现在已经没有回头路了。我将带你踏上你做梦都想不到的旅程。

I DON'T NEED TO
HAVE *CELEBRITIES*
AT THE SHOW.

THE
CLOTHES

ARE THE
CELEBRITIES.

我的时装发布会不需要明星出席。那些时装就是明星。

6

Lee McQueen

on

Great Britain

6　李·麦昆谈大不列颠

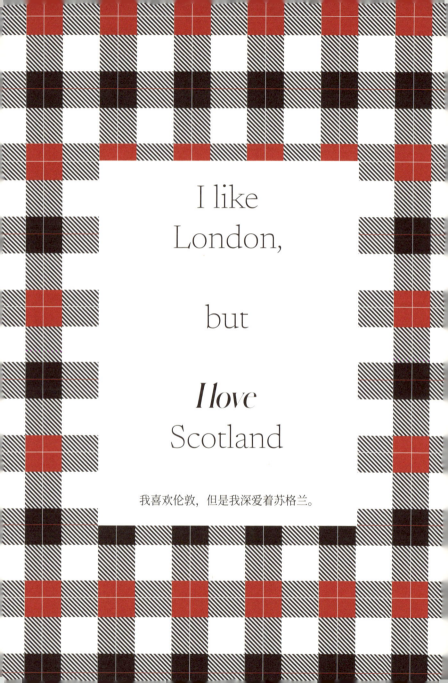

I like
London,

but

I love
Scotland

我喜欢伦敦，但是我深爱着苏格兰。

了解自己的出身是件好事。它造就了今天的你。这是你的 DNA，流淌在你的血液里。

✝

我的家族是来自斯凯岛（Skye）的凯尔特人。比起英格兰，在苏格兰让我更自在、更有回家的感觉。

✝

我妈妈考据了麦昆家族的起源，一直追溯到斯凯岛和金泰尔半岛（Mull of Kintyre）。我因此了解了高地驱逐事件[1]。

1　高地驱逐事件：指 18 世纪末到 19 世纪中叶，苏格兰高地许多居民被迫离开家园，以便地主将土地用于大规模的绵羊养殖等更具经济效益的用途。这导致大量人口的迁移和流离失所，对苏格兰高地的社会和经济结构产生了深远的影响。——译者注

There's always an energy
in London: the poverty,
the unemployment, the drug-
induced environment, the
nightlife — it is the way
I predict my own clothes.
It is about the raw
energy of London.

伦敦总是充满"活力"：贫困、失业、药物滥用、夜生活
——我在时装设计的过程中看到了这些。
一切都来源于伦敦的原始能量。

我讨厌人们把苏格兰浪漫化。它的历史毫无浪漫可言。英格兰人在那里的所作所为，简直不亚于种族灭绝。

†

"高地强暴"（1995 秋冬系列）的主题是关于英格兰对苏格兰的掠夺。

†

英国时尚自信且无畏。它拒绝向商业屈服，因此不断有新的想法产生，同时它也不断从英国传统中汲取灵感。

I still show in London because I'm proud to be a British designer.

我依然在伦敦举办时装发布会，
因为我为自己是一名英国设计师而自豪。

IT'S WHERE MY HEART IS AND WHERE I GET MY INSPIRATION

London's where I was brought up

伦敦是我成长的地方。我的心停留在这里，灵感也来自这里。

我们拥有一个多元文化的社会。

我们将世界各地有影响力的人汇聚到了一个岛上。

我们始终是潮流的引领者。

我们不追随，我们是创造者。

†

女王为我授勋时非常贴心。她笑了，她的眼睛是如此的蓝，我只是微笑着回应他，我觉得自己蠢笨得像一只小鸭子。

As a place for inspiration, Britain is the best in the world. You're inspired by the anarchy in the country.

英国是世界上最好的灵感源泉。
这个国家的无政府状态总能激发你的灵感。

在为威尔士亲王缝制西装时，我曾经常在内衬布料上缝上"麦昆来过这里"的字样，这样我就能一直靠近他的心。

✝

从艺术到流行音乐，英国总是在各个领域引领着全世界。甚至从亨利八世时代就开始这样。人们来到这个国家，对我们的宝贵遗产指指点点，不管是好还是坏，这个地球上没有其他地方可以与这里相比。

This is why people come to London. They don't want to see shift dresses — they can go anywhere in the world to see that.

人们来到伦敦就是想看到这些。他们来这里不是为了看直筒裙——他们可以去世界上其他任何一个地方看到这种单品。

7

Lee McQueen

on

Women

7 李·麦昆谈女人

Critics who labelled me

MISOGYNIST

got it all wrong.

那些说我是厌女者的评价，大错特错。

当你看到一个穿着麦昆的女人，会发现时装中带着某种硬朗气质，使她看起来更加有力。这有点儿让人们望而却步。你必须很有种，才敢和穿我所设计时装的女性说话。

†

我是和三个姐姐一起长大的，我亲眼看见她们经历了很多磨难。我一直想能够保护她们。她们会把我叫到她们的房间，让我帮助她们挑选上班穿的衣服。就像你能想象的那样："哪条裙子配哪件开衫？"而我总是努力让她们看起来强大而受到保护。

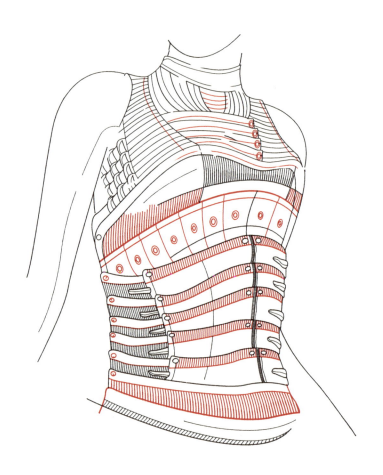

It's almost like putting
armour on a woman.
It's a very psychological
way of dressing.

这几乎就像是给女性穿上盔甲。
这是一种带有心理学意味的着装方式。

I WANT PEOPLE TO BE AFRAID OF THE WOMEN I DRESS.

我希望人们对穿我设计的时装的女人感到畏惧。

我设计时装的目的是不想让女人看起来都是天真无邪的，因为我知道她们可能会遇到什么事情。我想让女人看起来更强大。

†

在我的作品中，女性气质之中总隐藏着阴鸷的一面，这是由我在生活中看到女性被对待的方式所决定的。在我成长的地方，女人遇到男人，生孩子，搬到达根汉姆[1]，住进两层联排小楼，做晚饭，上床睡觉。这就是我对女人的印象，我不想要那样。我想把那种印象从我脑海中抹去。

1 达根汉姆：Dagenham 大伦敦东部的居民区，以其工业历史和社区活动而闻名。——译者注

我不喜欢女人被占便宜。我最反对的就是这一点。我也不喜欢男人在街上对女人吹口哨，我认为她们应该得到更多的尊重。

†

我不会把时装挂在衣架上欣赏，我试图让时装融入生活。时装由此得到升华，而不是靠我或者我的自我意识。

†

我觉得自己的使命是释放人们那部分与众不同的个性——也正是假正经的反面——释放隐藏的一面。

I like men to
keep their distance
from women.

I like men to be

STUNNED

by an entrance.

我喜欢男人与女人保持一定的距离。
我喜欢女人刚一露面，男人就大受震撼。

I don't like frilly, fancy dresses.

Women can look beautiful and wear something well without looking fragile.

我不喜欢点缀着褶边、花里胡哨的裙子。
女人完全可以打扮得美丽而得体，同时又毫无脆弱之感。

当我想象一个女人的时候，我想象的是她的思想和个性，而不仅仅是她的外表。

✝

随着时间的推移，我越来越尊重女性。尤其是作为一个男同性恋者。你不会触碰她们的身体。而是深入她们的思想，了解她们需要什么，她们想要什么，以及她们想要实现什么。我就像是一个心灵的外科医生。

✝

并不是说你看到一个美丽的女人，她就成了你的缪斯。

我的灵感更多来自历史上那些女性的思想中，像叶卡捷琳娜大帝，或玛丽·安托瓦内特。那些注定要遭遇劫难的人。圣女贞德或科莱特[1]。女性的楷模。

1　科莱特：西多妮 - 加布里埃尔·科莱特（Sidonie-Gabrielle Colette），法国女作家，1954 年被选为龚古尔学院成员。她的作品经常探讨爱情、性欲、女性身份和自然的主题，代表作有《克罗蒂娜》系列和《琪琪》。——译者注

如果你仔细审视她们的个性（麦昆的缪斯伊莎贝拉·布洛[1]、达夫妮·吉尼斯[2]、麦考·罗瑟米尔[3]、安娜贝尔·尼尔森[4]、普鲁姆·赛克斯[5]），她们所生活的世界，她们都是那么特立独行。她们不像约翰·辛格·萨金特[6]画中的女人那样优雅。她们就像自己世界中的朋克。

1　伊莎贝拉·布洛：Isabella Blow，英国著名时尚编辑和造型师，发掘了包括麦昆在内许多有才华的设计师和模特。——译者注

2　达夫妮·吉尼斯：Daphne Guinness，英国社交名媛、时尚偶像和慈善家，也是麦昆最早的支持者之一。——译者注

3　麦考·罗瑟米尔：Maiko Rothermere，韩国公民，出生于日本。1993 年她与第 3 代罗瑟米尔子爵詹姆斯·罗瑟米尔结婚，成为他的第二任妻子。——译者注

4　安娜贝尔·尼尔森：Annabelle Neilson，英国模特、演员、社交名媛。在亚历山大·麦昆 2018 年秋冬系列"贞德"（Joan）的时装发布会上，她身穿红色长裙扮演圣女贞德。——译者注

5　普鲁姆·赛克斯：Plum Sykes，出生于英国的时尚作家和社交名媛，曾任英国版与美国版 *Vogue* 时装编辑。——译者注

6　约翰·辛格·萨金特：John Singer Sargent，美国画家，以其精湛的肖像画和风景画而闻名。——译者注

伊莎贝拉·布洛是一个自在如飞的女人。她的思维方式为时尚界带来了光明。即使在她情绪低落的时候，她的穿着也令人眼前一亮。我和伊莎贝拉度过了最美好的时光。我记得和她一起去毛里求斯，有一次我潜水回来，气温简直有 100 华氏度，而她则穿着麦昆的时装，戴着菲利普·特雷西的帽子站在沙滩上。

TIPPI HEDREN PUSHED TO THE MAX...

She's the McQueen woman, isn't she?

蒂比·海德伦[1] 是如此极致，她不就是典型的麦昆女性吗？

1　蒂比·海德伦：Tippi Hedren，美国女演员，以其在阿尔弗雷德·希区柯克的电影中的角色而闻名。——译者注

8

Lee McQueen

on

Inspiration

8 李·麦昆谈灵感

Inspiration doesn't come with a notepad... it's eclectic. It comes from Degas and Monet and my *sister-in-law in Dagenham.*

灵感不是从记事本里跳出来的……它是多元化的。
它来自德加和莫奈，还有我住在达根汉姆的嫂子。

每个系列，我都有超过 300 份设计参考。

†

灵感主要来自我自己的想象力，而不是什么直接的灵感来源。举个例子，它们通常来自我希望的人们欢爱方式，或者我希望看到的人们欢爱方式。它来自某种重大的潜意识或变态心理。

我经常遇到创作瓶颈，但在有压力的时候我发挥得最好。我可以在一天之内设计出一整个系列，我总是这样做。

✝

这不是一种特定的思维方式，而是当时出现在我脑海中的东西。可能是任何东西：可能是一个男人在街上走路，或者是一颗原子弹爆炸；可能是任何可以在我的脑海中触发某种情感的东西。我的意思是，我以某种艺术的眼光看待一切。人们做事的方式。人们接吻的方式。

I GET MY
IDEAS
OUT OF MY
DREAMS.

我从梦中获得灵感。

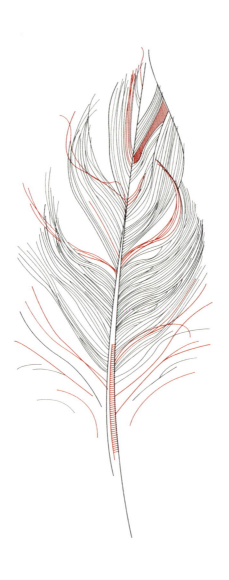

My mind has to be
completely focused on
my own illusions.

我的注意力必须完全集中在自己的幻想上。

I draw inspiration from
the streets of the city:

from the
KIDS IN HOXTON,

to the
PUNKS IN CAMDEN,

to a

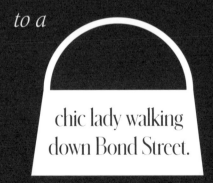

chic lady walking
down Bond Street.

我从城市街头获得灵感：从霍斯顿的孩子们，到卡姆登的朋克，
再到行走在邦德街上的时髦女郎。

　　将头发用作标签的灵感来源于维多利亚时代，当时妓女会出售由她们的头发制成的发束，人们购买这些发束送给他们的爱人。我将发束封存在有机玻璃中，将其作为我的签名标签。在早期的系列中，使用的都是我自己的头发：这象征着我将自己奉献给这个系列。

我从萨德侯爵[1]那里受到了一些影响，我把他视为一名伟大的哲学家，以及他那个时代的代表性人物。人们认为他是一个变态，与此同时我却认为他大大地激发了人们的思考。这让我有些害怕。

1　萨德侯爵：Marquis de Sade，18世纪末19世纪初的法国贵族、作家、哲学家，他以其对性、道德和权力的极端描写而闻名。——译者注

✝

我还喜欢在都铎和雅各宾时期的肖像画中体现出的阴森恐怖的风格。

My favourite
art is Flemish.
Memling and
Van Eyck.
*The Arnolfini
Marriage* is one
of my favourite
paintings.

我最喜欢的绘画艺术来自佛兰德斯画派。
我喜欢梅姆林和凡·艾克。
《阿尔诺芬尼夫妇像》是我最喜爱的画作之一。

People keep on asking me:
do I ever run out of ideas?
How do you better that show,
and how do you better the
chess match ['It's Only a
Game', Spring/Summer 2005]?
Or how do you better the
snow show ['The Overlook',
Autumn/Winter 1999]? I don't
know where it comes from.
There is someone up there
saying 'do this one now'.

人们总是问我：你会不会灵感枯竭？你怎么能超越之前的时装发布会，
比如那场国际象棋比赛（"游戏而已"，2005 春夏系列）？
或者那场雪景发布会（"瞭望"，1999 秋冬系列）？我不知道这些灵感
是从哪里来的。只是感觉仿佛有个人在冥冥之中跟我说："现在做这个吧！"

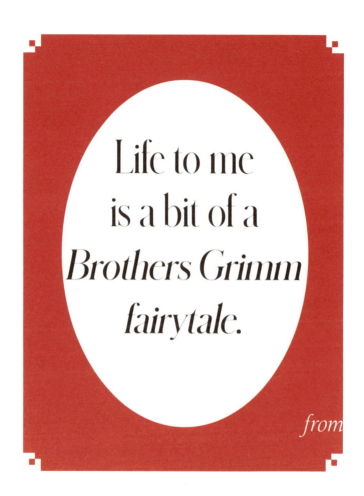

Life to me
is a bit of a
Brothers Grimm

fairytale.

from

对我来说，生活有点像格林兄弟的童话。

我第一次看到这幅画（保罗·德拉罗什[1] 的《简·格雷女士的处刑》）是在 15 年前。作为一个无可救药的浪漫主义者，我从没有忘记那天情感上受到的震荡。

1　保罗·德拉罗什: Paul Delaroche, 19 世纪法国著名历史画家，以其精细的历史画和肖像画而闻名。其代表作品《简·格雷女士的处刑》创作于 1833 年，记录了英格兰历史的真实一幕: 英格兰女王简·格雷仅在位 9 天就被斩首。——译者注

＋

我经常看《国家地理》和历史频道。我对历史情有独钟，总是从中汲取灵感。

＋

犰狳鞋的设计灵感来自 H. R. 吉格尔[2]，以及电影《异形》。我找一个雕塑家制作了一双鞋，让它看起来就像是从脚上长出来的一样。是不是很变态?

2　H.R. 吉格尔: H.R.Giger, 瑞士艺术家，以其超现实主义和生物机械风格的作品而闻名，特别是为电影《异形》设计的外星生物形象。——译者注

　　我在维基百科上输入"亚特兰蒂斯"，首先出现的是柏拉图对它的定义，以及他认为它所在的位置。对我而言，亚特兰蒂斯是一个比喻，就像梦幻岛一样。它可以存在于你的脑海中任何地方。遇到困难的时候，人们可以在那里找到庇护。据我们所知，亚特兰蒂斯可能并不存在。但如果它真的存在，那我非常愿意去那里。

WHEN TIMES ARE HARD, FANTASY AND ESCAPISM ARE CRUCIAL.

在困难时期，幻想和逃避是至关重要的。

9

Lee McQueen

on

Nature

9　李·麦昆谈自然

EVERYTHING
I DO IS
CONNECTED
TO

IN
ONE
WAY OR
ANOTHER.

我所做的每一件事都以某种方式与自然相关。

我做过很多以人与机器、人与自然为主题的时装系列，但最终我的工作总是以某种方式受到自然的指引。它需要与大地相连。经过加工和再加工的东西会失去它们的本质。

†

没有什么比自然更美丽。

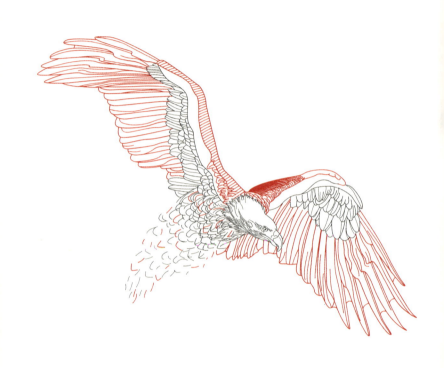

Birds in flight fascinate me.
I admire eagles and falcons.
I'm inspired by a feather
but also its colour, its
graphics, its weightlessness
and its engineering. It's so
elaborate. In fact, I try and
transpose the beauty
of a bird to women.

飞翔的鸟儿令我着迷。我热爱鹰和隼。鸟的羽毛不仅给我灵感，
它的颜色和图案、轻盈和结构也让我大为震撼。它是如此精妙。
事实上，我尝试将鸟类之美赋予女性。

整场时装发布会的感觉都围绕着汤普森瞪羚（"外面丛林密布"，1997 秋冬系列）。它有深色的眼睛，黑白相间的皮毛，侧面有棕褐色的斑纹，还有角——但它处于非洲的食物链中。一出生就几乎等于死亡，我的意思是，能活几个月就已经很幸运了……而我看待人类生命的方式也是如此。我们都可能轻易被抛弃……你来了，你又走了，外面丛林密布！

✝

我对工业革命感兴趣，因为在我看来，那是平衡发生转变的时刻，人类变得比自然更强大，真正的破坏从此开始。

Nature
is a
fabric
itself.

自然本身是一种面料。

Animals fascinate me
because you can find
a force, an energy, a fear
that also exists in sex.

动物令我着迷，因为你可以在它们身上发现一种力量、
一种能量、一种令人恐惧的东西，你在性中同样可以
找到这些。

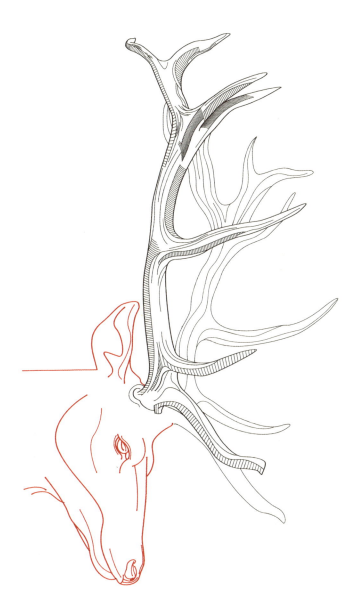

I feel most
at peace
under water.

在水下，是我最平静的时光。

我们正因自己的贪婪而陷入地球毁灭的危机。每个物种都很脆弱，动物尤其是弱势群体，实际上我们正在导致自身和它们的灭绝。

†

海滩上的贝壳已经失去了它们的用途，而我们把它们用在了裙子上，发挥出了另一种作用。在发布会上（"沃斯"，2001春夏系列），艾琳·欧康纳走出来后就毁掉了那条裙子，于是它们的使命再次结束了。这其实很像时尚。

†

我对大海有一种亲近感，也许这是因为我是双鱼座。大海非常令人平静。

10

Lee McQueen

on

Beauty

10　李·麦昆谈美

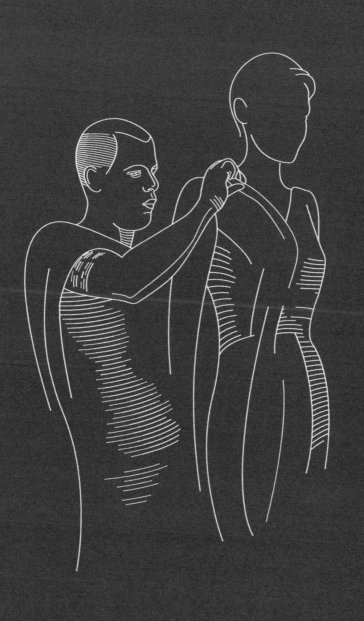

Life isn't perfect
and we're
not all perfect.

We are not all
size zero models.

THERE
IS BEAUTY
WITHIN.

生活并不完美，我们也不是完美的。
并不是所有人都是穿零码的模特。
美蕴藏于内。

我认为美藏于万事万物之中。在"普通"人认为丑陋的事物之中，我通常能够看到一些美的东西。

†

从天堂到地狱再回到天堂，生活真是个奇怪的东西。美可以来自最奇怪的地方，甚至是最令人厌恶的地方。

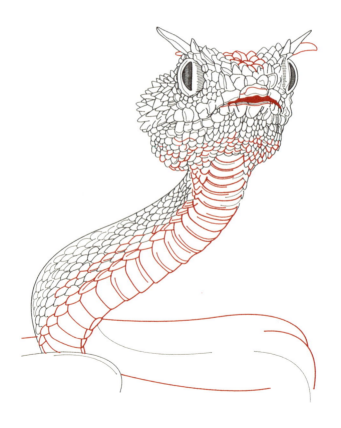

It's the ugly things
I notice more, because
other people tend to ignore
the ugly things.

我更容易注意到丑陋的事物，
因为其他人往往会忽略丑陋的事物。

你看看所有的主流杂志，里面全是美人，一直如此。我不会为了一个超级名模而换掉我一直在合作的团队。他们有高度的尊严，而在高级时尚界，尊严并不多见。我认为他们都非常美。

†

愤怒中也有美。对我来说，愤怒是一种激情。如果你对某件事没有激情，根本就不应该去做。如果你不具对抗性，怎么可能推动事情前进？到了某个时间节点，你必须抵抗商业化，从内心出发。

BEING RADICAL
IS ABOUT
CHALLENGING
WHAT'S
ACCEPTED AND
WHAT'S NOT.
SOMETIMES IT'S

VULGAR.

BUT BEAUTY
COMES OUT
OF THAT.

激进，意味着去挑战什么是被接受的，什么是不被接受的。
有时候它是粗俗的，但美就诞生于其中。

I find beauty
in the grotesque,
like most artists.

I have to force
people to look
at things.

就像大多数艺术家一样，我在怪诞的事物中发现美。
我必须强迫人们去观看这些事物。

我的系列有一种……类似于埃德加·爱伦·坡[1]的感觉，有点深沉，有点忧郁。

1 埃德加·爱伦·坡：Edgar Allan Poe，19世纪美国著名的诗人、小说家和文学评论家，以其神秘、恐怖和心理深度的作品而闻名。——译者注

✝

我在忧郁中发现美。

✝

人们忽略了生活中的丑陋事物，但这样一来，他们就错过了隐藏在腐烂水果下的美。

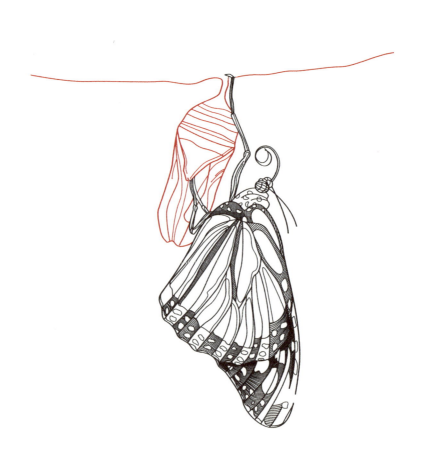

With me, metamorphosis
is a bit like plastic surgery,
but less drastic.

对我来说，这个破茧成蝶的过程有点像整容手术，
但没那么戏剧性。

还记得萨姆·泰勒-伍德[1]的腐烂水果吗？万物都会腐烂……我在"萨拉班德舞曲"（2007春夏系列）中使用了大量花朵，因为它们会凋谢。当时我的心情暗黑而浪漫。

> 1 萨姆·泰勒-伍德：Sam Taylor-Wood，英国艺术家、电影导演和摄影师，以其多样的艺术形式和创新的表达方式而闻名。欧洲静物绘画以腐烂的水果象征人类必然经历的脆弱和衰老，萨姆·泰勒-伍德的摄影作品《静物》采用分段摄影术表达了同样母题：盛在精美碗中的水果慢慢腐烂，直至爬满蛆虫。——译者注

✝

就像欣赏博斯[2]的作品一样，我怀着同样的深情，也很欣赏乔-彼得·威金[3]的作品。照片《勒达与天鹅》是我最喜欢的作品之一。我觉得这个人非常优雅。

> 2 博斯：指希罗尼穆斯·博斯（Hieronymus Bosch），荷兰画家，其代表作有《人间乐园》《七宗罪》《干草车》等。他的作品充满了象征意义、怪诞的形象和深刻的道德寓意，对后世的艺术家产生了深远的影响。
>
> 3 乔-彼得·威金：Joel-Peter Witkin，美国摄影师，擅长使用黑白摄影和多重曝光、负片反转等暗房技术，通过拍摄尸体、标本、残缺的身体和其他非传统对象挑战观众的审美和道德观念。麦昆在"沃斯"系列时装发布会上装满飞蛾的玻璃房装置，就是致敬乔-彼得·威金1983年的作品《疗养院》。

✝

审视死亡很重要，因为它是生命的一部分。这是一件悲伤的事情：既忧郁又浪漫。它是生命周期的终点——一切都必须在此结束。生命的循环是积极的，因为它为新事物腾出了空间。

It's not so
much about
death,

but the
awareness that
it is there.

与其说这探讨了死亡，不如说是意识到它的存在。

参考资料

书籍:

Andrew Bolton, *Alexander McQueen: Savage Beauty*, New York: Metropolitan Museum of Art, 2011 · Chloe Fox, *Vogue on: Alexander McQueen*, Quadrille Publishing Ltd, 20l2l · Claire Wilcox ed., *Alexander McQueen*, London: Harry N. Abrams, Victoria & Albert Museum, 2015

杂志、报纸和网站:

AAP Newsfeed · AnOther · AnOtherMan · Art Review · British *Vogue* · *Dazed & Confused · Domus · Drapers · Elle US · Harper's Bazaar · Harpers & Queen · Index · i-D · Interview · L'Officiel · Muse · Numéro · Nylon · Purple · Reuters · Self Service · SHOWstudio · Sky · Style.com · Tatler · Time Out (London) · The Cut · The Daily Mirror · The Daily Telegraph · The Evening Standard · The Face · The Fashion · The Financial Times · The Gazette · The Guardian · The Independent · The International Herald Tribune · The Metropolitan Museum of Art (metmuseum.org) · The New Yorker · The New York Times · The Pink Paper · The Scotsman · The Sunday Times · The Times · The Victoria & Albert Museum (vam.ac.uk)* · American *Vogue* · *W · Women's Wear Daily · Wynn*

文献:

'Breaking the Rules – Fashion Rebel Look', *British Style Genius* (BBC Two, 2008) · 'Cutting Up Rough', *The Works* (BBC Two, 20 July 1997) 'A Chat with Alexander McQueen' (Fashion Television) 'Fashion in Motion: Alexander McQueen' (Victoria & Albert Museum, June 1999)

其他:

Show notes, 'Natural Dis-tinction Un-Natural Selection' (Alexander McQueen, Spring/Summer 2009)

图书在版编目（CIP）数据

麦昆谈McQueen / (英) 亚历山大·麦昆
(Alexander McQueen) 口述 ; (英) 路易斯·里特
(Louise Rytter) 编 ; 邓悦现译. -- 重庆 : 重庆大学
出版社, 2025. 5. -- (万花筒). -- ISBN 978-7-5689
-5042-8

Ⅰ. TS941.7

中国国家版本馆CIP数据核字第2025LD2327号

麦昆 谈 McQueen
MAI KUN TAN MCQUEEN

[英] 亚历山大·麦昆（Alexander McQueen） 口述
[英] 路易斯·里特（Louise Rytter） 编
邓悦现 译

责任编辑：张　维
责任校对：邹　忌
责任印制：张　策
书籍设计：崔晓晋
内页插画：纳比尔·内扎尔

重庆大学出版社出版发行
出版人：陈晓阳
社址：（401331）重庆市沙坪坝区大学城西路21号
网址：http://www.cqup.com.cn
印刷：北京利丰雅高长城印刷有限公司

开本：787mm×1092mm　1/32　印张：5.625　字数：94千
2025年5月第1版　2025年5月第1次印刷
ISBN 978-7-5689-5042-8　定价：89.00元

版贸核渝字（2024）第290号